Konstruktions- und

Herstellungsfehler

bei

Transmissions-Riemscheiben

Auszug

aus der

DISSERTATION

zur

Erlangung der Würde eines Doktor-Ingenieurs

Der Technischen Hochschule zu Berlin

vorgelegt am 28. Dezember 1921

von

Alexander Markmann

Diplom-Ingenieur aus Düsseldorf

———

Genehmigt am 3. August 1922

1923

Druck von R. Oldenbourg in München

Referent: Geheimrat Dr.-Ing. O. Kammerer
Korreferent: Geheimrat Dr.-Ing. E. Reichel

———————

Erschienen in:

Versuchsergebnisse des Versuchsfeldes
für Maschinenelemente der Technischen
Hochschule zu Berlin. 3. u. 4. Heft. 1923
Verlag von R. Oldenbourg in München und Berlin

B. Versuche mit schnellaufenden Riemscheiben.

Von Dipl.-Ing. A. Markmann.

I. Entstehung der Riemscheibenversuche.

Die Anregung ging von der Industrie aus. Ein Werk, das seit vielen Jahren schmiedeeiserne Riemscheiben herstellt, hatte Versuche mit diesen Riemscheiben beantragt, die erforschen sollten, ob diese Scheiben bei größeren Drehzahlen den üblichen gußeisernen Scheiben gegenüber wesentlich größere Betriebssicherheit bieten können. Von einem anderen Werk wurde Prüfung einer Bauart mit gußeisernem Armstern und flußeisernem Kranz gewünscht. Von den Herstellern gußeiserner Scheiben wurde Wert auf die Erfahrung zweckmäßigster Formgebung für schnellaufende Scheiben aus Gußeisen gelegt.

Alle diese Anregungen wurden zu einer gemeinsamen planmäßigen Untersuchung zusammengefaßt. Diese mußte darauf gerichtet sein, die Formänderungen der sich rasch drehenden Riemscheiben zn messen. Da diese Formänderungen sehr klein sind — im Durchschnitt $10\,\mu$ bis $100\,\mu$ —, so mußte ein sehr genaues Meßverfahren gewählt werden.

Frühere Versuche.

An rotierenden Scheiben und Rädern sind bisher wenig Versuche in Bezug auf Festigkeit angestellt worden. Benjamin (Benjamin, Transact. Am. Soc. Mech. Eng. Vol. XX) führte im Jahre 1898 und später eine Reihe von Versuchen mit kleinen Modellen marktgängiger Schwungradtypen aus, er stellte jedoch nur die zum Bruche führenden Umfangsgeschwindigkeiten fest. Ein Einblick in die Spannungsverteilung im Rade wurde durch diese Untersuchung nicht gegeben; nur die Messung der Formänderung bei den verschiedenen Umlaufszahlen gibt ein Bild der im Rade wirkenden Kräfte. Solche Formänderungsbestimmungen an rasch rotierenden Körpern sind bisher wohl nur von S. H. Barraclough, Professor der Technischen Hochschule zu Sidney und seinem Mitarbeiter A. Boyd in geringem Umfange gemacht worden. (Barraclough Minutes Proceed. Inst. Civ. Eng. 1901—1902. Boyd, Journal Royal Soc. of N. S. Wales XXXVII. Dinglers Polytechnik Journal 1906.) Hiernach erschienen eingehende experimentelle Untersuchungen auf dem Gebiete der Riemscheiben, sowohl für die Berechnung, als auch für die Konstruktion und Herstellung derselben erwünscht.

II. Versuchsstand.

Die Anordnung (Bild 1) bestand aus einer wagerechten in 2 S. K. F.-Radialkugellagern laufenden Stahlwelle von ca. 800 mm Länge und 60 mm Durchmesser. Sie wurde mittels elastischer Kupplung durch einen 1 PS-Motor angetrieben; auf ihrer Mitte war zwischen beiden Lagern die zu untersuchende Riemscheibe befestigt. Zur genauen Bestimmung der Drehzahl diente ein Deuta-Präzisionstachometer mit einem Meßbereiche von 1—2000 Umdrehungen. Das Instrument war durch eine biegsame Welle mit dem freien Achsenende des Motors gekuppelt und zeigte somit ständig die augenblickliche Drehzahl an. Auf

Bild 1. Prüfstand.

einem schweren Betonfundamente, das für den Durchgang der zu untersuchenden Riemscheiben einen breiten Ausschnitt besaß, waren die beiden Lager mittels kräftiger Ankerschrauben befestigt. Weiter war darauf der Motor montiert.

Die für den Versuch notwendigen Drehzahlen wurden zuerst bei voll erregtem Motorfelde durch einen im Ankerstromkreise eingeschalteten Regelwiderstand und dann durch Feldschwächung eingestellt. Um den Energieverbrauch der Scheiben für die einzelnen Geschwindigkeiten zu erfahren, waren Ampere- und Voltmeter an die Leitungen angeschlossen.

Ein aus kräftigem Winkeleisen und durch Knotenbleche stark verstrebter, abnehmbarer, schmiedeeiserner Rahmen umschloß die zu untersuchende Riemscheibe und war mit der Grundplatte des Fundamentes durch Schrauben fest verankert. Über dem Scheitelpunkte der Scheibe war auf der Grundplatte A des Rahmens ein Sphärometer B angeschraubt, dessen Meßspindel durch ein in der Querplatte befindliches Bohrloch hindurchging. (Bild 2.)

Das Instrument, ein Erzeugnis der Firma Fueß, Berlin, war mit geschlitzter und durch drei Stiftschrauben nachstellbarer Gewindemutter versehen, trug eine Meßscheibe, deren Gradeinteilung noch Ablesungen von ca. 0,2 μ zuließ, und verbürgte durch seine genaue und saubere Herstellung ein einwandfreies Arbeiten.

Ein im Kranze des Rades eingeschraubter Kontaktstift C schloß bei leichtester Berührung mit der Spitze der Sphärometerspindel einen elektrischen Stromkreis und rief in den zwischengeschalteten Telephonhörern ein starkes Geräusch hervor.

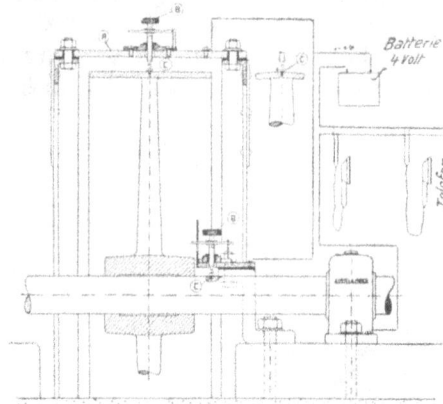

Bild 2. Meßrahmen.

Auf diese Weise war durch Einstellen und Ablesen des Sphärometers bei gleichzeitigem Abhören des Telephons für jede gewünschte Geschwindigkeit die radiale Verschiebung eines beliebigen Meßpunktes der Scheibe gegeben. Durch die Größenfeststellung der radialen Verschiebungen von einer Anzahl auf dem Umfange der Scheibe gleichmäßig verteilter Meßstellen konnte für jede gewünschte Drehzahl die entsprechende Kranzdeformationslinie aufgezeichnet werden.

Die wahre Formänderung des Kranzes ergab sich jedoch erst bei der Berücksichtigung der Wellendurchbiegung. Wie der Versuch zeigte, waren die radialen Abweichungen im Lager für sämtliche Umlaufzahlen so gering, daß sie zu vernachlässigen waren. Die Größe der radialen Ausbiegungen der Welle (dicht an der Radnabe gemessen) wurde wie bei dem Radkranze nach oben gekennzeichneten Verfahren mittels Sphärometer und Telephon aufgenommen und dann zur Korrektur auf die bereits aufgezeichneten Deformationslinien in Anwendung gebracht.

Um die subjektiven Ablesefehler am Sphärometer und die sonstigen Fehlerquellen möglichst zu verringern, wurde jede Kranzpunktmessung für die einzelnen Umfangsgeschwindigkeiten von einer zweiten Person nachgeprüft und so oft wiederholt, bis sich gute Übereinstimmung der gefundenen Werte ergab. Durch Einlegen eines zweiten Telephons wurde das richtige Abhören ständig kontrolliert.

Die Abrundung der Spindelspitze und die leicht gewölbte Kontaktfläche des Stiftes, beide aus gehärtetem Stahl bestehend, ergaben Sicherheit gegen Abnutzung und gegenseitiges Einschneiden und bewirkten ferner vorteilhafte Berührungsverhältnisse.

Einen Beweis für die Genauigkeit des Meßverfahrens lieferten die guten Kontrollwerte, die sich bei der Nachprüfung der Ausgangspunkte ergaben und die fast völlige Übereinstimmung der absoluten Werte für die gefundenen radialen Abweichungen der gegenüberliegenden Wellenpunkte.

Wie experimentell festgestellt wurde, übte der durch die Rotation der Scheibe erzeugte Luftdruck bei höchster Umfangsgeschwindigkeit derselben auf die Tragplatte des Sphärometers eine Kraft von 200 g maximal aus. Diese konnte wegen der kräftigen Konstruktion und der sorgsamen Verstrebung des Rahmens bei der Messung außer acht gelassen werden. Wie eine vorgenommene Messung ergab, wurde nämlich bei gleichmäßiger Belastung der Tragplatte durch 1 kg-Gewichtsstücke ein Ausschlag von noch nicht 1 μ erzeugt.

Bild 3. Sprenggrube.

Die kräftige und schwere Ausführung des Fundamentes und die gute Verankerung sämtlicher Teile miteinander gab der ganzen Versuchsvorrichtung den Zusammenhang und die Eigenschaft eines einzigen festen Körpers; die durch eine elastische Holzplatte abgedämpften Schwingungen und Stöße des Motors blieben für die Messungen vollkommen belanglos.

Zur Vermeidung der Wärmedehnung des Rades während des Versuches wurde letzterer für jeden Meßpunkt des Kranzes bei Überwachung der Temperaturänderung in einigen Minuten durchgeführt, so daß auch hierdurch keine nennenswerten Fehler auftreten konnten.

Beim Aufzeichnen der Kurven, die die Abhängigkeit der radialen Verschiebung der einzelnen Meßstellen des Kranzes von der Umfangsgeschwindigkeit zeigten, ergab die gute Lage aller durch den Versuch gefundenen Verschiebungen Meßpunkte sämtlicher untersuchten Scheiben einen Beweis für die Zuverlässigkeit und Genauigkeit des elektrischen Kontaktmeßverfahrens.

Nachdem nach diesem Verfahren die Riemscheibe zuerst auf Verschiebung infolge der Einwirkung der Fliehkräfte untersucht worden waren, wurde zur Feststellung der Sicherheit die zum Bruch führende Drehzahl bestimmt. In der zur Sprengung dienenden Grube (Bild 3) war eine senkrechtstehend Stahlwelle eingebaut; diese ruhte in 2 SKF-Kugellagern, von denen das eine auf der Grundfläche montiert war, während das andere an den zwei über die Grube gelegten U-Trägern befestigt war. Der Antrieb dieser Welle, die zur ständigen Überwachung der jeweiligen Drehzahl durch eine elastische Kupplung mit einem Deuta-Tachometer verbunden war, geschah mittels Riemens durch einen 6 PS-Elektromotor, dessen Drehzahl nach Wunsch geregelt werden konnte. Nach dem Aufbringen der auf Bruchfestigkeit zu untersuchenden Riemscheiben auf die Welle wurde die Grube verdeckt und dann die Drehzahl allmählich bis zur Explosion des Rades gesteigert. Die zum Bruch führende Drehzahl ergab die Bruchfestigkeit der Scheibe bei reiner Fliehkraftbeanspruchung.

Nach der Sprengung wurden aus dem Kranze und den Armen einige Probestäbe angefertigt, die mit der Zerreißmaschine auf Zugfestigkeit untersucht wurden. Das Ergebnis dieser Zerreißproben, die Art der Explosion und das Aussehen der einzelnen Bruchstücke wiesen auf die Beschaffenheit und Eigenschaft des verwendeten Materials hin.

Um ein Bild von der Größe der in den Riemscheiben vorhandenen Gußspannungen zu erhalten, wurden einige Scheiben, die nicht zur Explosion gebracht waren, durch Zerschneiden der Arme und des Kranzes geöffnet.

III. Durchführung der Versuche.

19 Riemscheiben, zum Teil verschiedener Konstruktion, jedoch gleicher Breite (200 mm) und gleichen Durchmessers (700 mm) waren für die Untersuchungen eingeliefert worden. Zur besonderen Übersicht wurden sie nach Bauart und Konstruktion mit Buchstaben und nach Anzahl mit fortlaufenden Zahlen gekennzeichnet. Der Kürze und der besseren Übersicht halber sind nur die Versuchsergebnisse einer kleinen Anzahl Scheiben im folgenden wiedergegeben. Die am Ende dieser Abhandlung gemachte Zusammenfassung und Folgerung beziehen sich jedoch auf sämtliche untersuchten Riemscheiben.

1. Lage der Meßpunkte.

Die Meßstellen am Umfang des Kranzes — sämtlich in der Mitte der Kranzbreite gelegen, wenn nicht besonders anders erwähnt —, waren ihrer Lage nach durch Zahlen (Meßstellen über den Armen) und durch Buchstaben (Meßstellen zwischen den Armen) festgelegt. Zur Aufnahme des Kontaktstiftes waren sämtliche Meßpunkte mit einem 3 mm-Feingewinde versehen.

2. Ausbalancieren der Scheibe.

Um bei den Versuchen einen möglichst ruhigen Gang der Scheibe zu erzielen, wurde die von den Werken vorgenommene statische Balanz kontrolliert und in den meisten Fällen verbessert. Das zu prüfende Rad wurde zu diesem Zwecke zuerst auf eine sauber geschliffene Stahlwelle montiert, die auf zwei ebenen Schneiden ruhte, und das Gewicht, wie auch die Lage der Balanzsteine so lauge verändert, bis Gleichgewicht der Scheiben in sämtlichen Lagen eintrat. Dynamisches Auswuchten konnte — so erwünscht dieses auch gewesen wäre — wegen des Fehlens der hierzu nötigen Vorrichtungen nicht vorgenommen werden.

3. Messen der Scheibe.

Die Konstruktion, die Abmessungen, sowie die Gewichte der Scheiben sind aus den beigefügten Abbildungen zu ersehen. Zum leichteren Einblick in die Formgebung und Bauart und zur Kontrolle der Meßpunkte wurde jede Scheibe vor der Untersuchung photographisch aufgenommen.

4. Einlaufen der Scheibe.

Um eine genügende Gewähr für die Explosionssicherheit der Scheibe beim Messen der Formänderung zu haben, wurde die Scheibe vor ihrem Einbau in den hierfür dienenden Versuchsstand mit einer um ca. 25% höheren Umfangsgeschwindigkeit als beim Messen in Anwendung kam, in der Sprenggrube belastet. Vor Beginn der ersten Formänderungsablesung oder nach längerem Stillstand der Scheibe ließ man letztere einige Zeit (etwa 10 Min.) mit der maximalen Umfangsgeschwindigkeit, die beim Messen auftrat, einlaufen, um bei sämtlichen Ablesungen den Einfluß der bleibenden Dehnung möglichst auszuschalten. Die Versuche zeigten deutlich, daß bei gußeisernen Scheiben das Material der Formänderung eine gewisse Trägheit entgegensetzte; die Ausbildung der Formänderung bedurfte bei einer bestimmten Belastung durch die Fliehkraft eine gewisse Zeit. Nach dem Erreichen der größten Dehnung fiel bei schneller Entlastung die bleibende Dehnung sehr langsam von ihrem Höchstwert ab; nur bei längerem Ruhestand der Scheibe machte sich der Einfluß der elastischen Nachwirkung bemerkbar, so daß bei der Durchführung der Versuche allein die federnde Dehnung fast ausschließlich gemessen wurde.

5. Messen der radialen Kranzverschiebung.

Bei sehr schnellem Anwachsen der Umfangsgeschwindigkeiten blieb auch die federnde Dehnung hinter der entsprechenden Spannung zurück und umgekehrt eilte bei raschem Abfallen der Geschwindigkeit die federnde Dehnung der Spannung voraus, so daß wie beim Elektromagneten sich für das Verhalten des Materials eine Art Hysteresisschleife ergab. Um richtige Ablesungen zu erhalten, mußte daher bei rascher Veränderung der Drehzahl vor dem Messen dem Material Zeit gegeben werden, in Ruhestand zu kommen.

Für jeden Meßpunkt der Scheibe wurden mehrere Versuche durchgeführt und die hieraus gefundenen Mittelwerte der radialen Verschiebung für die entsprechenden Umfangsgeschwindigkeiten in Tabellen eingeschrieben.

6. Messen der Wellendurchbiegung.

Nach der Bestimmung der Kranzverschiebung wurde die Größe der Wellendurchbiegung in Abhängigkeit der zu untersuchenden Scheibe festgelegt. Dies geschah durch das Messen der radialen Abweichungen von acht in einer Ebene gelegenen, gleichmäßig am Umfange der Welle verteilten und dicht an der Radnabe gelegenen Meßpunkte bei verschiedenen Geschwindigkeiten.

7. Aufzeichnen der Kranzdeformation.

Unter Berücksichtigung der Wellendurchbiegung ließen sich die Kranz-
deformationslinien für die bestimmten Drehzahlen aufzeichnen. Die starke Ver-
größerung der radialen Verschiebungen (in den meisten Fällen 100 fach) ergab
beim Aufzeichnen eine Verzerrung des Kranzdehnungsbildes; zu beachten ist
daher, daß in Wirklichkeit die Abweichung der Kranzsegmente zwischen den
Armen von der Kreisform natürlich nur äußerst gering war und mit den Augen
nicht wahrgenommen werden konnte.

8. Messung des Energieverbrauches.

Um den Energieverbrauch durch Luftreibung bei den verschiedenen Drehzahlen zu erhalten, wurde zuerst der Wattverbrauch des Motors und der Welle
ohne Riemscheibe festgelegt und dieser in Abhängigkeit von der Umfangsgeschwindigkeit graphisch aufgetragen. Hierauf wurde der Wattverbrauch mit
Riemscheibe aufgetragen. Der Unterschied beider Messungen ergab dann annähernd den Energieverbrauch durch die Luftreibung.

Zur Bestimmung der Explosionsgeschwindigkeit der Riemscheibe infolge
der Fliehkräfte wurde die Scheibe in die Sprenggrube eingebaut und die Drehzahl
bis zum Bruch derselben gesteigert. Die Sprengstücke wurden photographisch
aufgenommen.

9. Zerreißen der Probestäbe.

Von jeder untersuchten Scheibe wurden aus den Armen und dem Kranze
einige Probestäbe entnommen, aus diesen Proportionalitätsstäbe hergestellt und
dann auf der Zerreißmaschine auf Bruchfestigkeit untersucht. Die aus dem
Kranze gußeiserner Scheiben angefertigten Probestäbe, die rechteckigen Querschnitt besaßen rissen nie in der Mitte, sondern immer in der Nähe der Ein-
spannstelle. Da für sorgfältigen und richtigen Übergang letzterer mit dem zu
untersuchenden Stabquerschnitt Sorge getragen war, so war diese Erscheinung
auf die durch das Einformen bedingte Verschiedenheit der Dichte des Gusses
zurückzuführen. Die Bestimmung der Dehnungszahl für die einzelnen Be-
lastungsgrenzen konnte wegen Mangels genügender Einrichtung leider nicht durchgeführt werden.

10. Bestimmen der Gußspannungen.

Bei den gußeisernen Scheiben, deren Drehzahl wegen der Begrenzung der
Energiezufuhr — der Motor leistete 6 PS maximal — nicht bis zur Explosion
gesteigert werden konnte, wurde ein Arm zerschnitten, um einen Einblick in
die Gußspannungen zwischen Nabe und Kranz zu erhalten. Das Auseinandergehen der Armteile an der Trennungsstelle erzeugte die Durchbiegung des
Kranzbogens zwischen den zwei Armen, die dem zerschnittenen am nächsten
lagen. Aus der Gleichung der elastischen Linie:

$$\sigma = \frac{s}{2\,\varrho} \cdot E$$

ergab sich mit Annäherung an diesen Kranzbogen die Biegungsspannung σ.

11. Bestimmen der Zugspannung im Kranze.

Durch die Deformation des Kranzes infolge der Fliehkräfte vergrößert sich sein Umfang. Aus dieser Verlängerung ergab sich die Zugbeanspruchung des Kranzes:

$$\sigma_s = \frac{\lambda}{l}\, E$$

Hierzu bedeutete: $l = 2\,\pi \cdot r$.

Wie bereits erwähnt, ist bei Gußeisen der Elastizitätsmodul starken Veränderungen unterworfen. Er wurde zu 800 000 und 1000 000 eingesetzt.

Zur Bestimmung der Kranzverlängerung für die gewünschte Umfangsgeschwindigkeit der Scheibe wurde die entsprechende Deformationslinie in eine Anzahl (24—30) gleichgroßer Teile zerlegt. Da die Deformationslinie nur sehr wenig von der Kreisform abwich, so konnte mit guter Annäherung jedes Stück der Deformationslinie durch einen gleichlangen Kreisbogen ersetzt werden.

12. Bestimmen der Biegungsspannung im Kranze.

Die Messung der radialen Verschiebung der Kranzpunkte bei gewünschten Geschwindigkeiten gestattet unter Anwendung der Gleichung:

$$\sigma_b = \frac{\delta}{2 \cdot \varrho} \cdot E.$$

— hierin bedeuten: δ die Kranzstärke in cm, ϱ den Krümmungsradius in cm und E den Elastizitätsmodul — die Biegungsspannungen für die verschiedenen Meßstellen des Kranzes zu ermitteln. Soll z. B. für einen beliebigen Punkt B der Felge seine Biegungsspannung bei verlangter Umfangsgeschwindigkeit bestimmt werden, so errechnet man das arithmetische Mittel der radialen Verschiebungen der angrenzenden Kranzmeßpunkte A und C und subtrahiert diesen Wert von der radialen Verschiebung des Punktes B. Die Differenz h stellt die radiale Verschiebung des Punktes B in bezug auf die angrenzenden Kranzmeßpunkte A und C dar. Da die Entfernung von A zu C und der Abstand des Punktes B von der Verbindungsgeraden AC bekannt ist, so läßt sich der Radius des Kreises, der durch die 3 Punkte A, B und C geht, leicht bestimmen. (Durch drei Punkte in einer Ebene ist ein Kreis festgelegt.) Dies ist der gesuchte Krümmungsradius ϱ, der mit Hilfe der angegebenen Gleichung:

$$\sigma_b = \frac{\delta}{2 \cdot \varrho} \cdot E$$

gestattet, die Biegungsspannung für die gewünschte Stelle B des Kranzes zu erhalten.

Um die Wirkung der Biegungsspannung auf den Kranzquerschnitt zu erhalten, ist zu berücksichtigen, daß bei Gußeisen die Zugbeanspruchung, die in den äußersten Fasern eines rechteckigen Querschnittes durch Biegung verursacht wird, in der Nähe der Bruchgrenze $0,59\,\sigma_b$ beträgt. Hieraus ergibt sich die Gesamtspannung in den äußersten Fasern annähernd zu

$$\sigma_{zg} = \sigma_s + 0,59\,\sigma_b.$$

IV. Versuchsergebnisse.

1. Gußeiserne ungeteilte Riemscheibe mit leichten Balanzsteinen nahe den Armen. (A. 1.)

Die Konstruktion, Abmessungen und Gewichte sind aus Bild 4 zu ersehen. Der gleichförmige Querschnitt des Kranzes wies darauf hin, daß die Riemscheibe nach dem Durchziehverfahren eingeformt und der Kranz beim Abdrehen seiner Oberfläche nach dem inneren Durchmesser zentriert war. Demzufolge waren die Gewichte der Balanzsteine, die zum Erreichen der statischen Balanz benötigt waren, sehr gering. Sie lagen in der Nähe eines Armes.

In Bild 5 sind die radialen Verschiebungen sämtlicher 24 Kranzmeßpunkte inbezug auf die Umfangsgeschwindigkeit graphisch in Kurven dargestellt. Diese

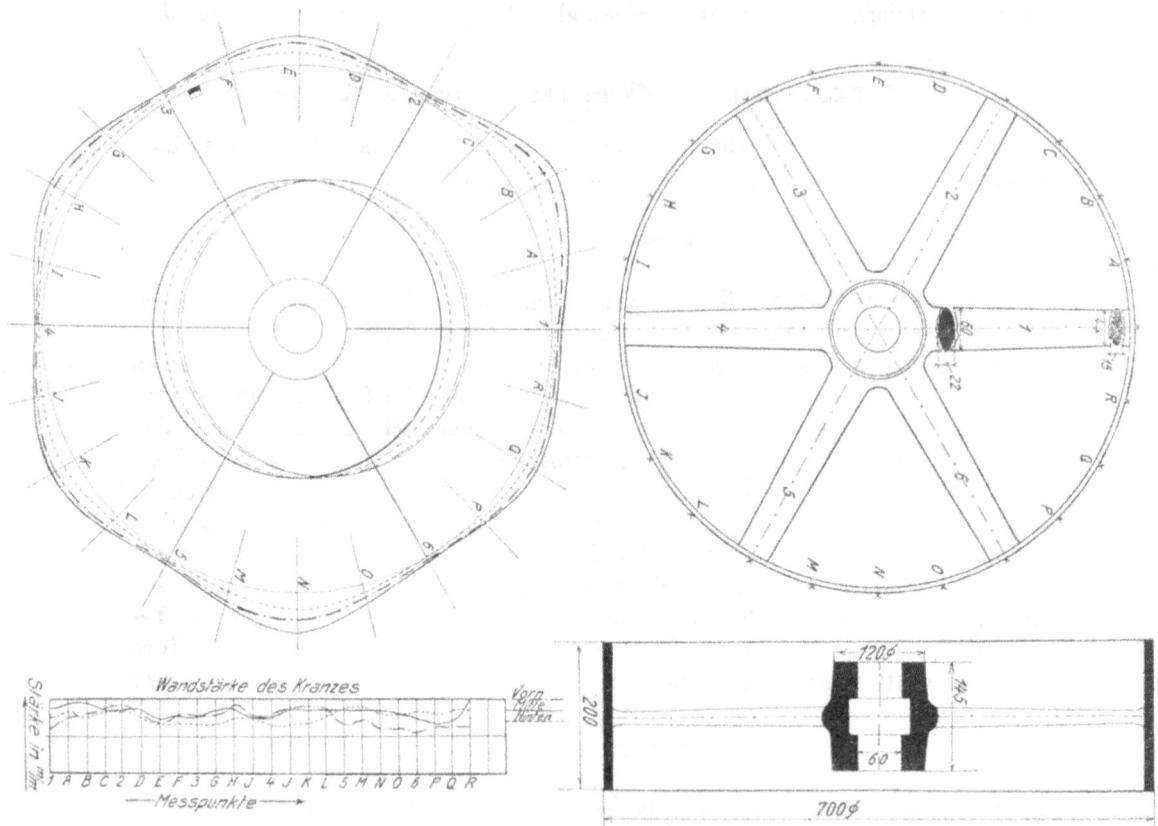

Bild 5.

Bild 4.

Bild 4. Gußeiserne ungeteilte Scheibe mit leichtem Stein. (Maßstab 1:10.)

Bild 5. Formänderung der gußeisernen ungeteilten Scheibe mit leichtem Stein.

Maßstab der radialen Verschiebungen der Kranzpunkte in bezug auf den Scheibenmittelpunkt. (Maßstab 100:1.)
Deformationslinien des Kranzes für:
$v = 22$ m/sk - - - -; $v = 29{,}4$ m/sk — · — · —;
$v = 33$ m/sk ————
Maßstab der radialen Verschiebungen des in der Scheibennabe befindlichen Wellenstückes. (Maßstab 1000:1)

———— Kreis-Welle in Normallage bei $v = 0$ m/sk
- - - - - Kreis-Lage bei $v = 22$ m/sk
— · — · — Kreis-Lage bei $v = 29{,}4$ m/sk
———— Kreis-Lage bei $v = 33$ m/sk
Maßstab des Wellendurchmessers (M.: 1:2.)
Gesamtgewicht der Scheibe: $G = 67{,}6$ kg.
Gewicht des Balanzsteines 1: $G_1 = 0{,}064$ kg.
Gewicht des Balanzsteines 2: $G_2 = 0{,}064$ kg.
Explosion bei $v = 90$ m/sk nicht eingetreten.

zeigen, wie es auch bei den sämtlichen anderen untersuchten Riemscheiben der Fall ist, einen stetigen Verlauf.

Die Arme der Scheibe dehnten sich verhältnismäßig wenig. Bei einer Umfangsgeschwindigkeit von 33 m/sek betrugen der Höchstwert der Armdehnung $+ 8,5 \mu$ (Arm 1) und der Mindestwert $- 0,4 \mu$ (Arm 6).

Wegen der gleichmäßigen Wandstärke und der hierdurch erforderlichen leichten Balanzsteine zeigte das Deformationsbild des Kranzes für die verschiedenen Umfangsgeschwindigkeiten große Regelmäßigkeit in seiner Formänderung. Die stärksten radialen Verschiebungen des Kranzes hatten die Punkte B (für $v = 33$ m/sek betrug $f = 60,2 \mu$) und N (für $v = 33$ m/sek betrug $f = 54 \mu$), die Ausbiegung der angrenzenden Kranzsegmente wurde hierdurch wegen der Nachgiebigkeit der zugehörigen Arme ein wenig verringert.

Unter Berücksichtigung der Verschiedenheit des Elastizitätsmoduls für das zur Scheibe verwendete Gußeisenmaterial lag die Zugbeanspruchung des Kranzes, die sich aus der Verlängerung derselben ergab, bei $v = 33$ m/sek, zwischen $\sigma_s = 55,4$ kg/qcm und $\sigma_s = 69,2$ kg/qcm. Für den freischwebenden Kranz (ohne Arme) stellte sich rechnerisch bei dieser Geschwindigkeit die Zugbeanspruchung auf $\sigma_s = 80,5$ kg/qcm.

Bei einer Umfangsgeschwindigkeit von $v = 90$ m/sek trat noch kein Bruch der Scheibe ein. Eine weitere Steigerung ließ sich wegen der Höhe des durch die Luftreibung hervorgerufenen Energieverbrauches nicht erreichen.

Um ein Bild der Gußspannung, die zwischen Nabe und Kranz bestand, zu erhalten, wurde ein Arm zerschnitten, und zwar Arm 6. Die Messung ergab ein Auseinandergehen der Armteile an der Trennungsstelle um 0,5 mm; dies entsprach einer Biegungsspannung im Kranze, die zwischen $\sigma_b = 80$ und 100 kg/qcm liegen mochte. Bei der Öffnung des Kranzes zog sich die Trennungsstelle an der vorderen Seite des Kranzes um 0,3 mm zusammen, in der Mitte trat keine Veränderung ein und an der hinteren Seite ging der Schnitt um 0,3 mm auseinander.

Das Material der Scheibe wies bei zwei untersuchten Kranzstücken eine Zerreißfestigkeit von $K_s = 860$ kg/qcm und 1276 kg/qcm und bei einem untersuchten Armstück $K_s = 1220$ kg/qcm auf.

Der Energieverbrauch L der Scheibe infolge der Luftreibung war gering, er betrug für $n = 300$, $L = 5$ Watt und für $n = 800$, $L = 62$ Watt.

2. Gußeiserne ungeteilte Riemscheibe mit schweren Balanzsteinen. (C. 3.)

Wegen der ungleichmäßigen Wandstärke (Bild 7) — diese schwankte an den verschiedenen Stellen zwischen 8,5 mm und 5 mm — war zur Erreichung der statischen Balanz ein schwerer Balanzstein (1,317 kg) an der Felge befestigt worden. Dieser hatte, insbesondere da er ziemlich in der Mitte zwischen zwei Armen an der Felge befestigt war, auf die Formänderung des Kranzes schon bei mäßiger Drehzahl ganz erheblichen Einfluß. Der regelmäßige Verlauf der Deformationslinie des Kranzes war vollkommen gestört (Bild 7). Die Kranzpunkte des Segments 1—6, an dem der Balanzstein befestigt war, wiesen starke radiale Verschiebungen auf, der Punkt Q verschob sich bei $v = 33$ m/sek um 662,4 μ radial nach außen. Hiedurch wurden die angrenzenden Kranz-

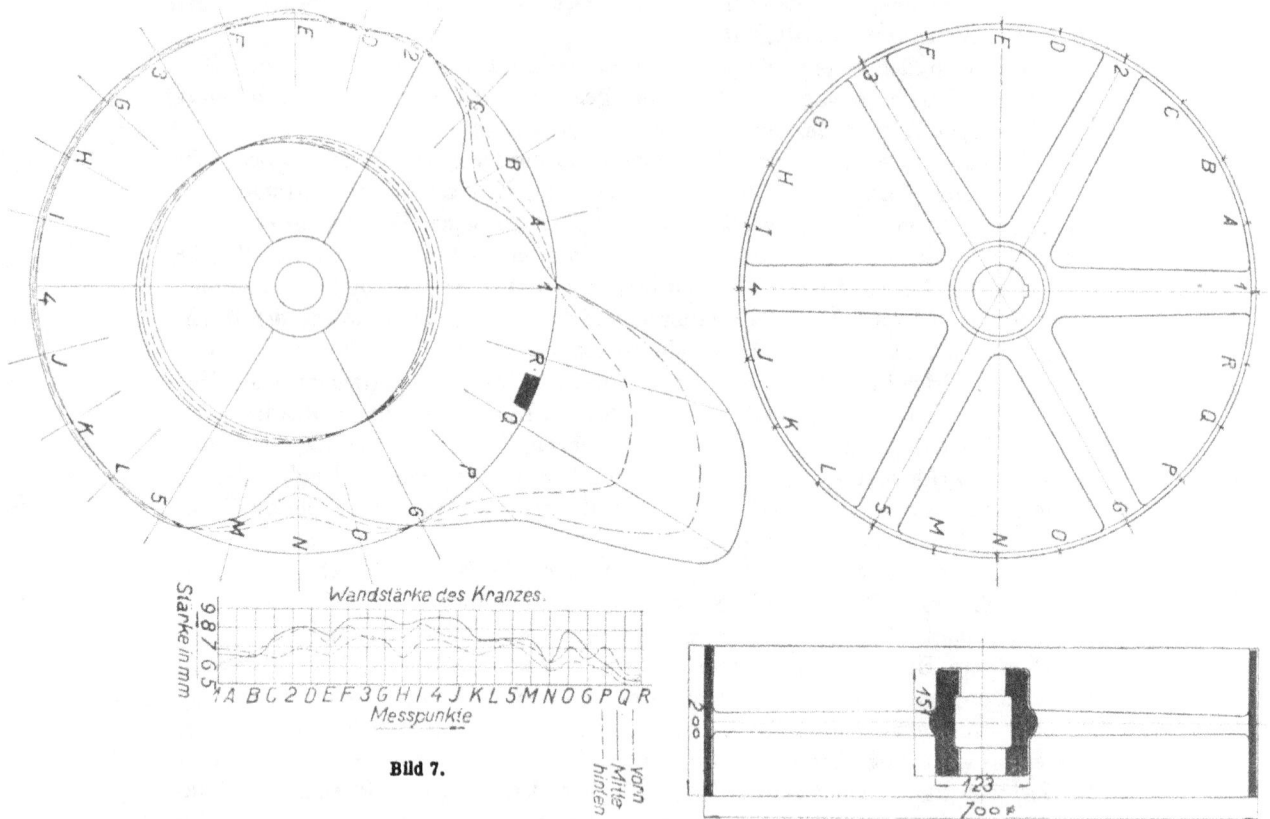

Bild 7.

Bild 6.

Bild 6. Gußeiserne ungeteilte Scheibe mit schwerem Stein. (Maßstab 1:10.)

Bild 7. Formänderung der gußeisernen ungeteilten Scheibe mit schwerem Stein.

Maßstab der radialen Verschiebungen der Kranzpunkte in bezug auf den Scheibenmittelpunkt. Maßstab: 50:1.
Deformationslinien des Kranzes für:
$v = 22$ m/sk. - - - - -; $v = 29,4$ m/sk. — · — · —;
$v = 33$ m/sk. ——
Maßstab der radialen Verschiebungen des in der Scheibennabe befindlichen Wellenstückes. (Maßstab: 1000:1)

——— Kreis-Welle in Normallage bei $v = 0$ m/sk.
- - - - - Kreis-Lage bei $v = 22$ m/sk
— · — · — Kreis-Lage bei $v = 29,4$ m/sk.
—— Kreis-Lage bei $v = 33$ m/sk.
Maßstab des Wellendurchmessers (M.: 1:2)
Gesamtgewicht der Scheibe: $G = 47,60$ kg
Gewicht des Balanzsteines 1: $G_1 = 1,317$ kg
Explosion bei $v = 64$ m/sk.

segmente 1—2 und 5—6 in ihrer Formänderung beeinträchtigt, ihre Meßpunkte zeigten bedeutende radiale Verschiebungen nach innen. (Für Punkt B betrug $f = -189,9\,\mu$ und für Punkt N betrug $f = -199\,\mu$ bei $v = 33$ m/sek). Auch bei sämtlichen anderen Kranzsegmenten zeigte sich durch die schwache Formänderung derselben noch deutlich die Wirkung des Balanzsteines.

Die Arme der Scheibe dehnten sich alle annähernd gleich wenig. Bei einer Umfangsgeschwindigkeit von $v = 33$ m/sek lagen die Werte hierfür zwischen $8,85\,\mu$ (Arm 1) und $4,5\,\mu$ (Arm 2).

Wegen der starken Ausbiegung des Kranzsegmentes 1—6, die durch das Gewicht und die Lage des Balanzsteines bedingt war, wurden außer starker Biegungsspannung in diesem auch erhebliche Zugbeanspruchung hervorgerufen. Letztere ergab sich aus der Verlängerung desselben und lag unter Berücksichtigung der Veränderlichkeit der Dehnungszahl bei $v = 33$ m/sek in den Grenzen $\sigma_z = 72{,}7$ kg/qcm und $\sigma_z = 91$ kg/qcm.

Bei einer Umfangsgeschwindigkeit von 64 m/sek trat die Explosion der Scheibe ein. Die Radnabe mit den drei unversehrten Armen 1, 3 und 4 blieb auf der Welle fest sitzen. Die Arme 2 und 6 waren an der Nabe, Arm 5 war in der Mitte gebrochen. Der Kranz hatte sich in seiner vollen Breite von den Armen abgelöst, wie dies aus der Gestaltung der Armenden und einzelnen Kranzbruchstücke deutlich zu ersehen war.

Infolge der Balanzsteine traten ganz erhebliche Biegungsspannungen im Kranze auf, durch die in verschiedenen Querschnitten die zulässige Beanspruchung des Gußeisens weit überschritten wurde. Für Querschnitt Q waren die durch die Fliehkraft des Balanzsteines und der Felge hervorgerufenen Biegungs- und Gesamtspannungen bei $v = 33$ m/sk und $E = 800000$, $\sigma_b = 208$ kg/cm² und $\sigma_{zg} = 194{,}5$ kg/cm² (siehe Tabelle am Schlusse der Arbeit). Bemerkenswert ist es, daß durch den Einfluß des Balanzsteines die Biegungsbeanspruchung in den Kranzsegmenten 3—4 und 4—5 äußerst gering war. Für den Kranzpunkt K, der in der Mitte des Kranzstückes 4—5 lag, betrug hei $v = 33$ m/sk $\sigma_b = 1{,}18$ kg/cm². Durch die Fliehkraft des schweren Balanzsteines wurden außerdem auch die angrenzenden Arme auf Biegung beansprucht, welche in ihren Armenden die maximale Beanspruchung erlitten. Hieraus ist zu schließen, daß die maximale Beanspruchung des Rades an der Übergangsstelle des Armes 6 mit dem Kranze eintrat.

Das Material der Scheibe wies bei einem untersuchten Kranzstück eine Zerreißfestigkeit von $K_z = 1800$ kg/qcm und bei einem untersuchten Armstück $K_z = 1390$ kg/qcm auf.

Der Energieverbrauch L der Scheibe durch Luftreibung war gering, er betrug für $n = 300$, $L = 10$ Watt und für $n = 800$, $L = 115$ Watt.

3. Gußeiserne geteilte Riemscheibe mit leichtem Balanzstein. (A. 7.)

Um den Einfluß der Kranzstärke auf seine Deformation festzustellen, wurde der Kranz der Scheibe nach Festlegung seiner Deformationslinien für die verschiedenen Umfangsgeschwindigkeiten bis an die Arme auf 5 mm Wandstärke ausgedreht. In der Breite der Arme blieb daher die ursprüngliche Stärke in der Mitte der Felge bestehen. Für den ausgedrehten Kranz wurden dann die radialen Verschiebungen bei den nämlichen Meßpunkten auch aufgenommen.

Bei dem vollen Kranz lag für $v = 33$ m/sek die Armdehnung in den Grenzen zwischen 10,5 μ (Arm 2) und 16,2 μ (Arm 4). Für den ausgedrehten Kranz waren die Dehnungen der entsprechenden Arme sämtlich geringer. Wegen der gleichmäßigen Wandstärke war zum Erreichen der statischen Balanz kein schwerer Balanzstein erforderlich. Das Deformationsbild der Felge wies daher für die verschiedenen Umfangsgeschwindigkeiten große Regelmäßigkeit auf. Die größte radiale Verschiebung trat für Meßpunkt Q (für $v = 33$ m/sek betrug $f = 87{,}9\,\mu$) ein. Die radialen Verschiebungen der einzelnen Meßpunkte waren nach dem Ausdrehen des Kranzes geringer, mit Ausnahme der Punkte des Segmentes 5—6, an dem zur Wiedererlangung der Balanz der Scheibe ein zusätzlicher Balanzstein angebracht war. Wie der Vergleich der beiden Deformationslinien Bild 9 gut erkennnen läßt, war durch das Ausdrehen der Felge die Größe der Aus-

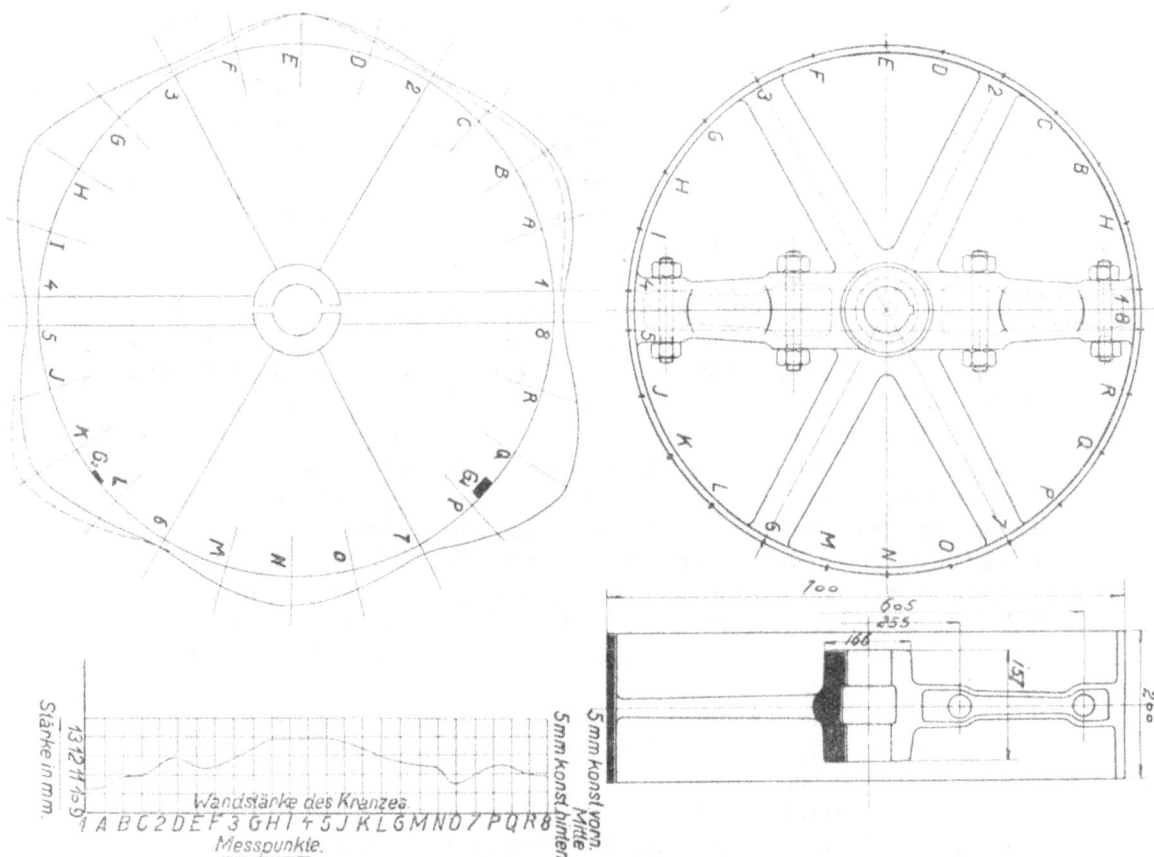

Bild 8.

Bild 8.

Bild 8. Gußeiserne geteilte Scheibe mit leichtem Stein. (Maßstab: 1:10.)

Bild 9. Formänderung der gußeisernen geteilten Scheibe mit leichtem Stein.

Maßstab der radialen Verschiebungen der Kranz-
punkte in bezug auf den Scheibenmittelpunkt.
Maßstab: 100:1.
Deformationslinie des Kranzes für $v = 33$ m/sk.
Bei nicht ausgedrehtem Kranze: ——
Deformationslinie des Kranzes für $v = 33$ m/sk.
Bei ausgedrehtem Kranze: - - - - -

Gesamtgewicht der Scheibe: $G = 71,21$ kg (nicht
ausgedreht).
Gewicht des Balanzsteines 1: $G_1 = 0,291$ kg.
Gewicht des Balanzsteines 2: $G_2 = 0,13$ kg.
Gewicht G_2 nur bei ausgedrehtem Kranz angebracht.
Explosion bei $v = 64,5$ m/sek.

biegung der einzelnen Segmente und somit auch die Biegungs- und Zugbeanspruchung des Rades, die durch Fliehkräfte bedingt waren, verringert worden.
Die gestrichelte Linie — Ausbiegung des ausgedrehten Kranzes — vorläuft inner-
halb der ausgezogenen Linie — Ausbiegung des innen rohen Kranzes — mit
Ausnahme der einen Felge, die nach dem Ausdrehen einen leichten Balanzstein
erhalten mußte.

Für den vollen Kranz ergab sich bei $v = 33$ m/sek durch die Verlängerung des Kranzumfanges in diesem eine Zugbeanspruchung, welche zwischen
$\sigma_s = 74,2$ kg/qcm und $\sigma_s = 93$ kg/qcm lag.

Bereits bei der Umfangsgeschwindigkeit von 64,5 m/sek erfolgte die Explosion der Scheibe. Die Regelmäßigkeit des Deformationsbildes, die verhältnismäßig nicht sehr große maximale radiale Verschiebung und die mäßige Zugbeanspruchung des Kranzes bei $v = 33$ m/sek ließen auf eine bedeutend höhere

Umfangsgeschwindigkeit für den Bruch der Scheibe schließen. Die beiden einzölligen Nabenbolzen verursachten bei ihrem Abstand von 127 mm von der Wellenmitte durch das Festklemmen der Nabe auf der Achse — diese war einige hundertstel Millimeter im Durchmesser größer als die Scheibenbohrung — in den Übergangsstellen der Arme 1, 4, 5 und 8 mit der Nabe ganz wesentliche Biegungsspannungen. Bei einer Zugbeanspruchung der Bolzen von $\sigma_s = 500$ kg/qcm, die in denselben durch das Anziehen der Muttern leicht hervorgerufen wurde, ergaben sich für oben erwähnte Übergangsstellen bereits Biegungsspannungen, die die zulässige Belastung des Materials ganz wesentlich überstiegen. Der Riß war bei dem Arme 8 zuerst aufgetreten, und zwar, wie aus Bild 10 gut ersichtlich, in der ganzen Nabenlänge. Trotz der geringen Wand-

Bild 10. Sprengstücke der gußeisernen geteilten Scheibe mit leichtem Stein.

stärke des Kranzes waren bei der Explosion viele Bruchstücke in voller Breite erhalten geblieben. Durch das Ausdrehen des Kranzes wurde die Widerstandsfähigkeit in bezug auf die Größe der Umfangsgeschwindigkeit erhöht.

Das Material hatte für das untersuchte Armstück eine Zerreißfestigkeit von $K_s = 1160$ kg/qcm.

Der Energieverbrauch L der Scheibe infolge Luftreibung betrug für $n = 815$, $L = 192$ Watt.

4. Gußeiserne geteilte Riemscheibe mit einem schweren und einem leichten Balanzstein. (D. 14.)

Wegen der ungleichmäßigen Wandstärke waren zur Erreichung der statischen Balanz der Scheibe ein schwerer Balanzstein (1,5 kg) zwischen Arm 5 und Punkt D und ein anderer leichterer (0,127 kg) zwischen Punkt C und Arm 4 befestigt. Durch den schweren Balanzstein wurde das Kranzsegment 5—6 schon

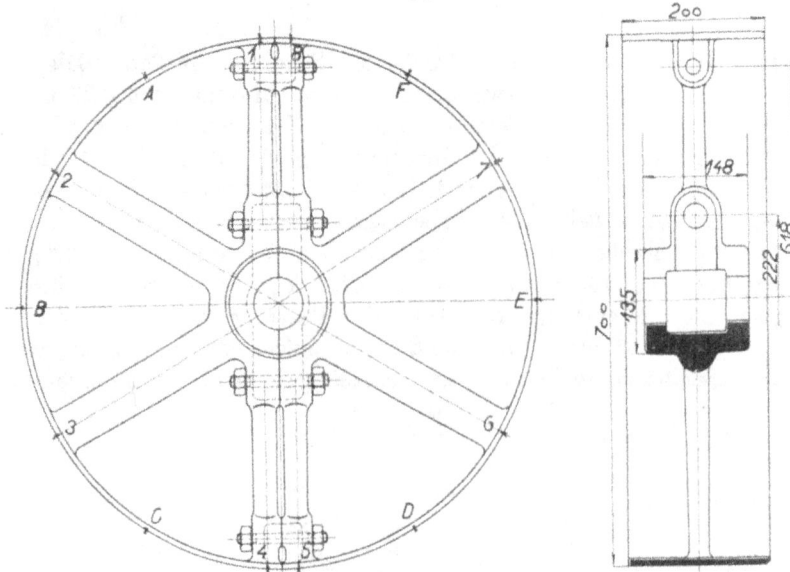

Bild 11. Gußeiserne geteilte Scheibe mit schwerem Stein. (Maßstab: 1:10.)

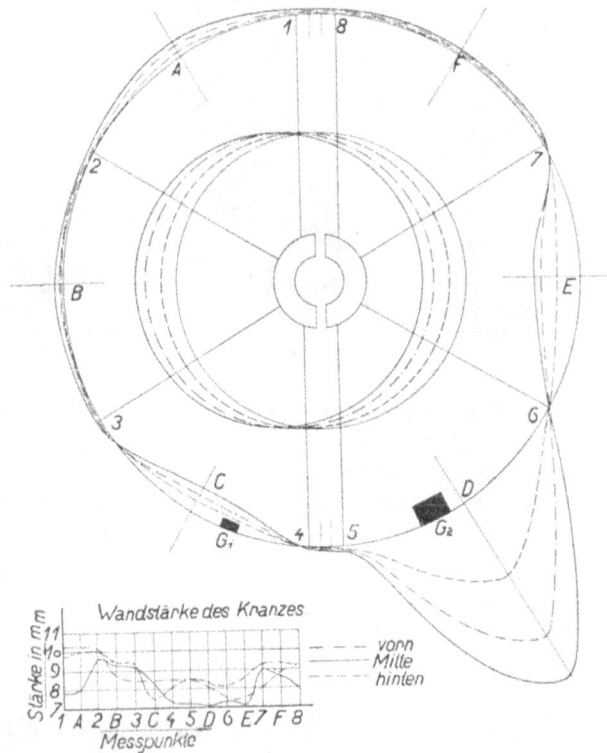

Bild 12. Formänderung der gußeisernen geteilten Scheibe mit schwerem Stein.

Maßstab der radialen Verschiebungen der Kranzpunkte in bezug auf den Scheibenmittelpunkt. (Maßstab: 50:1.)
Deformationslinien des Kranzes für:
$v = 22$ m/sek ------; $v = 29,4$ m/se —·—·—;
$v = 33$ m/sek ———
Maßstab der radialen Verschiebungen des in der Scheibennabe befindlichen Wellenstückes. Maßstab: 1000:1.

——— Kreis-Welle in Normallage bei $v = 0$ m/sek.
------ Kreis-Lage bei $v = 22$ m/sek.
—·—·— Kreis-Lage bei $v = 29,4$ m/sek.
——— Kreis-Lage bei $v = 33$ m/sek.
Maßstab des Wellendurchmessers (M.: 1:2.)
Gesamtgewicht der Scheibe: $G = 62,7$ kg.
Gewicht des Balanzsteines 1: $G_1 = 0,127$ kg.
Gewicht des Balanzsteines 2: $G = 1,50$ kg.
Explosion bei $v = 55$ m/sek.

bei mäßiger Drehzahl ganz außerordentlich ausgebogen (Bild 12). Die maximale radiale Verschiebung des Kranzes hatte der Meßpunkt D (für $v = 33$ m/sek betrug $f = 546{,}2 \mu$). Hierdurch wurden die angrenzenden Segmente 3—4 und 6—7 in ihrer Ausbiegung so stark beeinflußt, daß die Punkte C (für $v = 33$ m/sek betrug $f = -62{,}9 \mu$) und D (für $v = 33$ m/sek betrug $f = -133{,}8 \mu$) große radiale Verschiebungen nach innen aufwiesen.

Der Verlauf der Deformationslinien ließ deutlich erkennen, daß schon bei Umfangsgeschwindigkeiten zwischen 22 und 33 m/sek die Zug- und Biegungsspannungen im Kranze erhebliche Größen angenommen hatten.

Die Armdehnung war gering. Sie lag für $v = 33$ m/sek zwischen 14μ (Arm 4) und $7{,}6 \mu$ (Arm 6).

Die Explosion, die bei einer Umfangsgeschwindigkeit von $v = 55$ m/sek erfolgte, war wohl auf den Bruch der Felge in der Nähe des Armes 5 oder 6 zurückzuführen. In den betreffenden Querschnitten mußte bei obiger Geschwindig-

Bild 13. Sprengstücke der gußeisernen geteilten Scheibe mit schwerem Stein.

keit eine außerordentlich große Beanspruchung des Materials geherrscht haben. Durch die Aufhebung des Kraftschlusses im Kranze wurden die Übergangsstellen der Arme 1, 4, 5 und 8 dann so stark belastet, daß sofort eine derselben riß. Bild 13 veranschaulicht die Bruchstücke des Rades. Auch hier hatte sich der Kranz von den meisten Armenden in voller Breite abgelöst.

Das Material der Scheibe wies bei zwei untersuchten Kranzstücken eine Zerreißfestigkeit von $K_z = 876$ kg/qcm und $K_s = 1200$ kg/qcm auf.

Der Energieverbrauch der Scheibe durch Luftreibung betrug für $n = 800$ Umdrehungen/min. $L = 175$ Watt.

5. Gußeiserne geteilte Riemscheibe mit schmiedeeisernem Kranz. (F. 16)

Diese Scheibe wies einen inneren gußeisernen geteilten Radkörper auf, um welchen der schmiedeeiserne Kranz gespannt war. Bild 14.

Wegen des sauberen und gleichmäßigen Gußes des Innenkörpers und der gleichen Wandstärke des Kranzes zeigte sich die Scheibe bei der Nachprüfung auf statische Balanz ziemlich gut ausgewuchtet, so daß nur ein leichter Balanzstein (50 g) erforderlich war. Dieser war in der Mitte der Ausgleichplatte

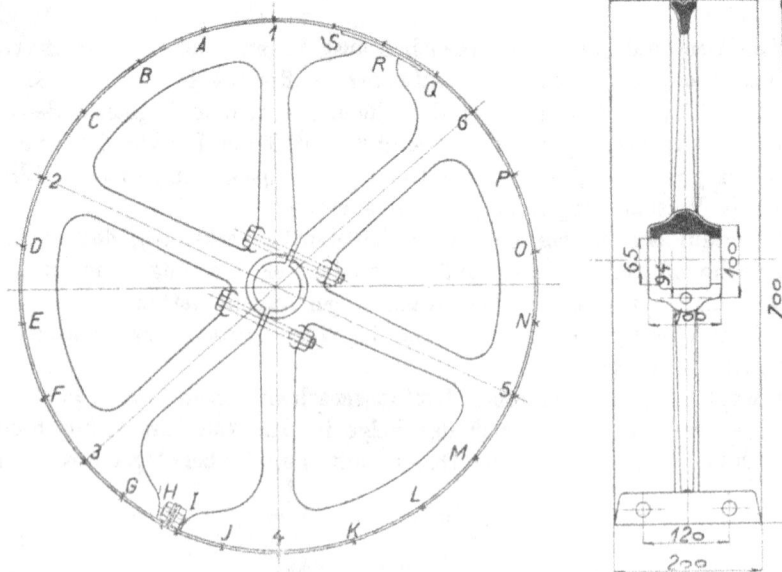

Bild 14. Gußeiserne Scheibe mit Flußeisenkranz.

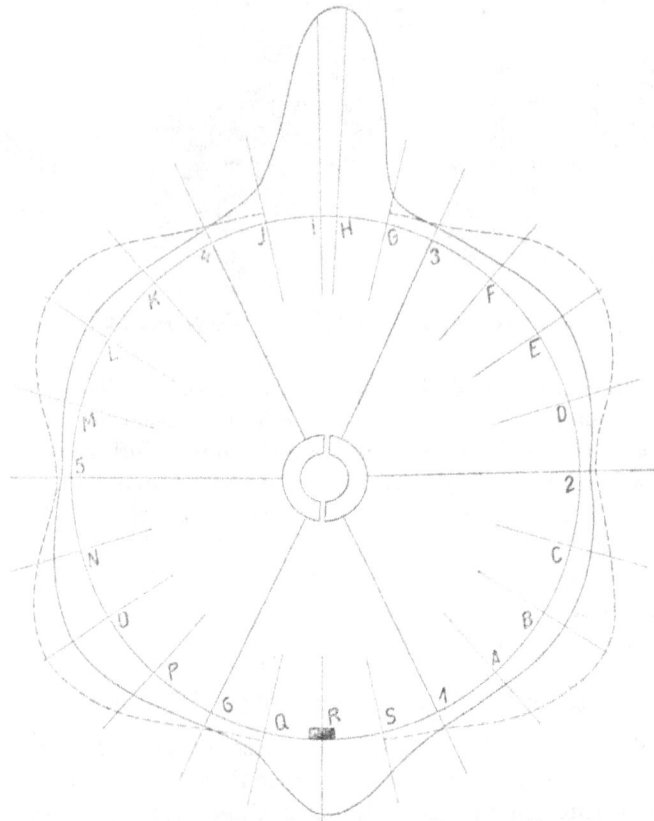

Bild 15. Formänderung der gußeisernen Scheibe mit Flußeisenkranz.

Maßstab der radialen Verschiebungen der Kranzpunkte in bezug auf den Scheibenmittelpunkt. (Maßstab: 100:1.)

Deformationslinie des flußeisernen Kranzes bei $v = 33$ m/sek ————

Deformationslinie der gußeisernen Felge ohne flußeisernen Kranz bei $v = 33$ m/sek - - - - - -

Gesamtgewicht der Scheibe: $G = 30,11$ kg.

Gewicht der Ausgleichplatte (bei Kranzpunkt R) $= 0,55$ kg.

Gewicht des Balanzsteines 1: $G_1 = 0,05$ kg.

Stärke des flußeisernen Kranzes: 3,7 mm.

Explosion bei $v = 100$ m/sek nicht eingetreten.

angebracht, welche als Gegengewicht für die Umbördelung des Kranzes und
seiner Verbindungsschrauben diente. Die Dehnung der gußeisernen Felgensegmente
wurde durch die starke Verspannung des schmiedeeisernen Kranzes, welche
durch das kräftige Anziehen seiner Verbindungsschrauben bedingt war, ein-
gedämmt. Trotzdem war die Armdehnung im Vergleiche zu den bisher be-
sprochenen Scheiben bereits bei niedriger Drehzahl verhältnismäßig groß. Dies
war auf die geringen Armquerschnitte zurückzuführen.

Für sämtliche Kranzsegmente außer Segment 3—4 waren die Ausbiegungen
einigermaßen gleich groß. Durch die Massenanhäufung bei Segment 3—4, welche
sich aus den Gewichten der Kranzumbördelung und der Verbindungsschrauben
ergab, traten hier starke radiale Verschiebungen der angehörigen Meßpunkte auf.
Den höchsten Wert hierfür hatte Punkt H, dieser betrug bei $v = 33$ m/sek
$f = 272,6 \mu$.

Für diese Geschwindigkeit war die aus der Verlängerung des Kranzbleches
sich ergebende Zugbeanspruchung in diesem $\sigma_s = 235$ kg/qcm.

Ohne schmiedeeisernen Kranz ergab sich für die entsprechenden Meßpunkte in der gußeisernen Felge bei gleichen Geschwindigkeiten ganz erheblich
größere Werte der radialen Verschiebung. Bild 15 stellt den Verlauf der Deformationslinien bei $v = 33$ m/sek mit und ohne Kranz dar und bringt deutlich
die starke Wirkung, die durch die Vorspannung des schmiedeeisernen Bandes
verursacht wurde, zum Ansdruck. So betrügen z. B. bei obiger Geschwindigkeit die aus den Verlängerungen sich ergebenden Spannungen in den gußeisernen
Felgen 1—3.

$$\sigma_s = 57{,}4 \text{ kg/qcm bis } 72 \text{ kg/qcm mit Kranz}$$
$$\sigma_s = 133 \text{ kg/qcm bis } 167 \text{ kg/qcm ohne Kranz.}$$

Die Riemscheibe mit Kranz konnte wegen ihres geringen Luftwiderstandes
auf eine Umfangsgeschwindigkeit bis zu $v = 100$ m/sek gebracht werden. Ein
Bruch der Scheibe trat bei dieser Geschwindigkeit nicht ein, jedoch zeigte sich,
daß die Kranzschrauben stark verbogen und das Kranzblech an den Auflage-
stellen der Muttern und durch diese eingebeult worden war.

Das Material des schmiedeeisernen Kranzes hatte eine Zerreißfestigkeit
von $K_s = 4100$ kg/qcm. Ein Arm des inneren Gußrades riß bei der Belastung
von $K_s = 1287$ kg/qcm.

6. Schmiedeeiserne geteilte Riemscheibe mit gußeiserner Nabe. (G. 17.)

Wie aus Bild 16 ersichtlich, besaß die Riemscheibe eine gußeiserne Nabe,
in welche die schmiedeeisernen Arme eingepreßt waren. An den gabelförmig
auslaufenden Armen war der schmiedeeiserne Kranz fest vernietet. Dieser war
zwischen den Armen 2—3 und 6—7 geteilt und dort durch Verbindungsplatten
zusammengehalten.

Die Armdehnung war äußerst gering. Durch das Nachgeben der Arme,
das durch die starke Ausbiegung einiger Kranzsegmente bedingt war, ergaben
sich für die Kranzpunkte sogar radiale Verschiebungen nach innen.

Wegen der gleichmäßigen Wandstärke war zur Erreichung der statischen
Balanz nur ein leichter Balanzstein (0,13 kg) erforderlich, dessen Wirkung gegenüber den Verbindungsplatten fast vollständig verschwand. Letztere waren,
wie bereits oben erwähnt, in der Mitte zwischen 2—3 und 6—7 angebracht

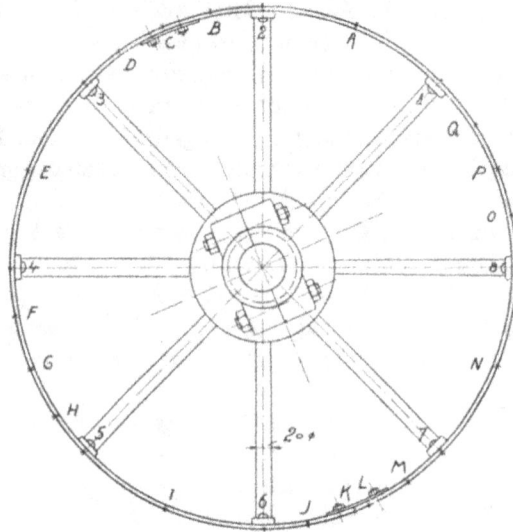

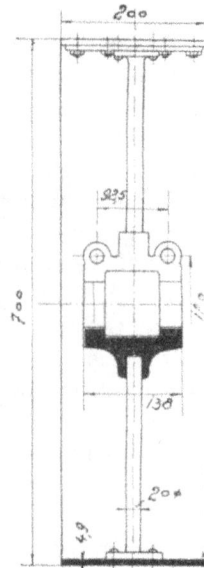

Bild 16. Flußeiserne Scheibe mit Gußeisennabe. (Maßstab: 1:10.)

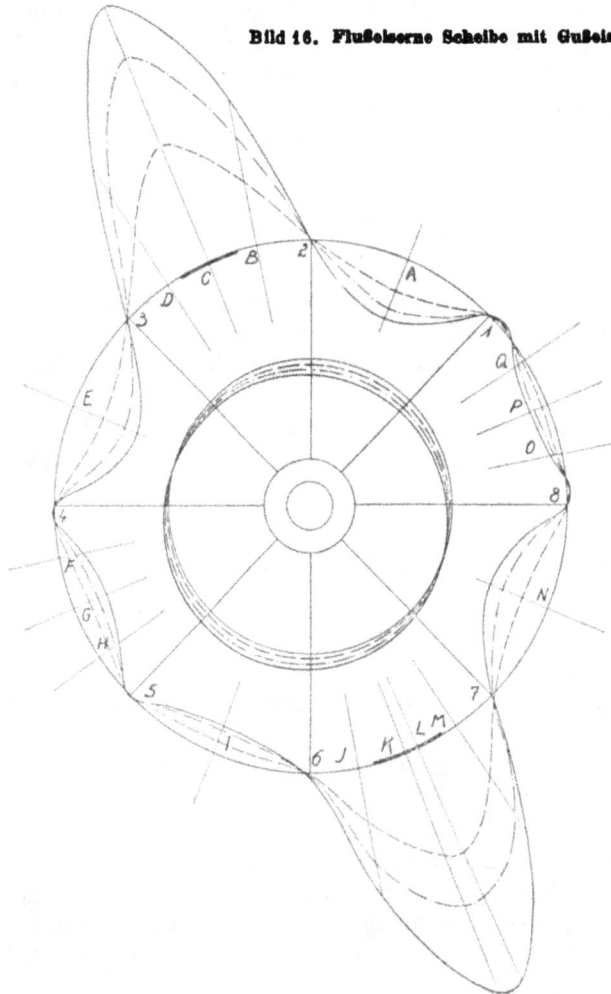

Bild 17.

Formänderung der flußeisernen Scheibe mit Gußeisennabe.

(Maßstab: 1:10.)

Maßstab der radialen Verschiebungen der Kranzpunkte in bezug auf den Scheibenmittelpunkt. (M.: 50:1.)

Deformationslinie des Kranzes für:
$v = 22$ m/sek - - - -; $v = 29,4$ m/sek
$- \cdot - \cdot -$; $v = 33$ m/sek ——————

Maßstab der radialen Verschiebungen des in der Scheibennabe befindlichen Wellenstückes. (M.:1000:1.)

—————— Kreis-Welle in | Normallage
bei $v = 0$ m/sek. |
- - - - - Kreis-Lage bei $v = 22$ m/sek.
$- \cdot - \cdot -$ Kreis-Lage bei $v = 29,4$ m/sek.
—————— Kreis-Lage bei $v = 33$ m/sek.

Maßstab des Wellendurchmessers M.: 1:2.

Gesamtgewicht der Scheibe:
$G = 38,99$ kg.

Gewicht des Balanzsteines (bei Kranzpunkt I): $G_1 = 0,131$ kg.

Gewicht der Kranzverbindungsplatte (bei Kranzpunkt C):
$G_2 = 0,55$ kg.

Gewicht der Kranzverbindungsplatte (bei Kranzpunkt K):
$G_3 = 0,54$ kg.

Stärke des flußeisernen Kranzes: 4,9 mm.

Explosion bei $v = 77$ m/sek nicht eingetreten.

und hatten so auf die Formänderung des Kranzes ganz bedeutenden Einfluß. (Bild 17.) Die Ausbuchtung der beiden Kranzsegmente, die die Verbindungsplatte trugen, war so erheblich, daß bei sämtlichen andern Segmenten des Kranzes eine Biegung der Felge nach innen eintrat. Die stärksten radialen Verschiebungen hatten die Punkte C (für $v = 33$ m/sek betrug $f = 731,7 \mu$) und für K (für $v = 33$ m/sek betrug $f = 671,4 \mu$).

Bei einer Umfangsgeschwindigkeit von $v = 33$ m/sek betrug die durch die Verlängerung d s Kranzes sich ergebende Zugbeanspruchung in diesem $\sigma_s = 246$ kg/cm².

Die Umfangsgeschwindigkeit wurde bis zu $v = 77$ m/sek gesteigert, eine Schädigung der Scheibe trat hierbei nicht ein.

Als Zerreißfestigkeit für das Kranzmaterial ergab sich $K_z = 4210$ kg/qcm.

7. Zusammenstellung der ermittelten Spannungen.

In nachstehender Tafel sind sowohl die Zugspannungen wie die Biegungsspannungen des Kranzes zusammengestellt und zum Vergleich jedesmal die

Scheibe No.	Umfangsgeschwindigkeit v in m/sek	Punkt der maximalen Biegungsbeanspruchung des Kranzes in der Mitte zwischen zwei Armen	Punkt der maximalen Biegungsbeanspruchung des Kranzes in der Nähe des Armes	Punkt der minimalen Biegungsbeanspruchung des Kranzes	Biegungsbeanspruchung σ_b in kg/cm²		Zugbeanspruchung σ_z des Kranzes in kg/cm²		Gesamtspannung σ_{sy} der äußeren Kranzfaser $\sigma_{sy} = \sigma_z + 0{,}59\,\sigma_b$		Zugspannung im frei-schwingenden Kranz $\sigma = \frac{\gamma}{g}\,v^2$ kg/cm²	Bemerkungen
					E = 800000	E = 1000000	E = 800000	E = 1000000	E = 800000	E = 1000000		
				Gußeiserne Riemscheiben mit sehr leichten Balanzsteinen								
A_1	22	B	—	—	10,4	13,0	23,5	29,2	29,6	36,8	35,4	
	29,4	B	—	—	17,4	21,7	43,0	53,8	53,0	66,6	64,0	
	33		—	—	23,0	29,0	55,4	69,2	68,9	86,2	80,5	
	33	—	Arm 6	—	15,6	19,6	55,4	69,2	64,6	80,4	80,5	
	33	—	—	Q	12,6	15,7	55,4	69,2	62,8	78,4	80,5	
B_2	33	H	—	—	40,0	57,4	41,0	51,5	68,1	85,3	80,5	
	33	—	—	K	10,8	13,5	41,1	51,5	47,4	59,4	80,5	
	38	—	Arm 1	—	31,0	39,0	41,1	51,5	59,3	64,1	80,5	
A_6	33	Q	—	—	40,0	50,0	50,0	62,5	73,6	92,0	80,5	Maximale Biegungsbeanspr. d. Segmentes ohne Balanzsteine
	33	H	—	—	42,0	52,5	50,0	62,5	74,7	93,4	80,5	Leichter Balanzstein im Kranzsegment
C_{11}	33	K	—	—	22,7	28,3	56,0	70,2	69,3	86,9	80,5	
				Gußeiserne Riemscheiben mit schweren Balanzsteinen.								
C_8	33	Q	—	—	208	260	72,5	91,0	194,5	247,0	80,5	Schwerer Balanzstein im Kranzsegment Q
	33	—	Arm 1	—	131	164	72,5	91,0	149	187,5	80,5	
	33	—	—	K	1,18	1,47	72,5	91,0	73,2	91,9	80,5	
C_{10}	29,4	N	—	—	66,5	83,5	55,7	69,3	94,0	118,3	64,0	
				Schmiedeeiserne Riemscheiben mit Teilung zwischen den Armen.								
C_{17}	33	—	Arm 2	—	505		246 E = 2 000 000		751		80,5	

3*

rechnerische Zugspannung beigefügt, die sich ergeben würde, wenn der Kranz mit den Armen nicht verbunden und überall genau gleich stark wäre. Der Vergleich zeigt, daß nur bei gußeisernen Scheiben mit schweren Balanzsteinen und bei schmiedeeisernen Scheiben mit Teilung in Felgenmitte die ermittelte Gesamtspannung höher liegt als die Zugspannung eines freischwebenden Kranzes.

V. Schlußfolgerungen.

1. Gleichmäßige Kranzdicke.

Ungleichmäßige Kranzdicke ruft sehr ungleichmäßige Formänderung des Kranzes hervor. Es ist daher ratsam, den Kranz auch auf der Innenseite abzudrehen, soweit es die Armdicke gestattet. Mittelrippen sind unzweckmäßig.

2. Balanzsteine dicht an den Armen.

Je gleichmäßiger die Kranzdicke ist, desto kleiner werden die Balanzsteine. Soweit solche noch notwendig sind, müssen sie unmittelbar an den Armen angebracht werden. Balanzsteine in Felgenmitte rufen sehr ungünstige Formänderungen und Biegungsspannungen im Kranz hervor.

3. Nabenschrauben dicht an der Welle.

Verwendet man nur zwei Nabenschrauben, so finden diese nur Platz, wenn sie weit von der Nabe abgerückt werden, wodurch in letzterer schädliche Biegungsspannungen entstehen. Ratsam ist die Verwendung von vier Nabenschrauben, die dicht an die Welle gesetzt werden können. Dadurch wird die Nabe fester und leichter.

4. Gußspannungen.

Diese erwiesen sich bei einzelnen Scheiben als außerordentlich hoch. Es empfiehlt sich, die Nabe möglichst klein zu halten, damit sie rasch erkaltet; wünschenswert sind möglichst gleichgroße Querschnitte und gute Übergänge ohne Materialanhäufungen.

5. Luftreibung.

Diese erwies sich bei einzelnen Bauarten als außerordentlich hoch. Insbesondere bei schmiedeeisernem Kranz muß darauf geachtet werden, daß vorkragende Schrauben, Nieten und Lappen möglichst vermieden werden. Besonders ungünstig wirken Arme mit Rippen.

6. Werkstoff.

Bei Umfangsgeschwindigkeiten von mehr als 30 m/sek ist schmiedeeiserner Kranz notwendig; der Armstern kann aus Gußeisen bestehen.

7. Bemessung.

Ist der Kranz gleichmäßig dick und nicht in Felgenmitte geteilt, dann tritt im Kranz im wesentlichen nur Zugspannung auf. Nur bei ungleichmäßig dickem Kranz, bei Balanzsteinen und bei Teilung in Felgenmitte treten beträchtliche zusätzliche Biegungsspannungen und störende Formänderungen auf.

www.ingramcontent.com/pod-product-compliance
Lightning Source LLC
Chambersburg PA
CBHW081427190326
41458CB00020B/6123